| 万 物 的 秘 密 · 生 命 |

动物的菜谱

〔法〕弗朗索瓦丝·洛朗 著

〔荷〕卡普辛·马泽尔 绘

苏迪 译

人民文学出版社

PEOPLE'S LITERATURE PUBLISHING HOUSE

食肉动物、食草动物、食虫动物、杂食动物……
我们将按动物的饮食结构给它们分类。

犀牛

灰苍鹭

鹈鹕

乌鸦

鳄鱼

海獭

鼩鼱

鼹鼠

长颈鹿

北极熊

老虎

母鹿

大猩猩

猫

大食蚁兽

母鸡

田鼠

蜗牛

老鼠

咔嚓，田鼠！咔嚓，兔子！咔嚓，盘羊！
食肉动物会用它们有力的下颚和锋利的爪子杀死猎物，
然后把它们撕碎。

觅食的时候，郊狼、狐狸、豺和澳洲野犬必须在抓住猎物之前，
让猎物累得精疲力竭。
和它们的近亲狼一样，它们的耐力都很好，
只是速度没有那么快。

狼

狮子

猎豹

斑马

猫科动物跑得很快，但只适合短距离奔跑。
出奇的灵活性使它们能够悄无声息地靠近猎物。啊，斑马逃不掉了！

面对老虎、豹子、美洲狮这类猫科动物，猎物无法从它们可伸缩的爪子下逃脱！

在狮群中，觅食的重任由母狮承担。它们会在夜幕降临后扑向猎物……
而整个白天，狮群都会在树荫下歇息。

鹰

野兔

根据不同的体型大小和生活习性，
猛禽捕食的对象从蜥蜴到兔子，其中也包括鱼和蛇……
无论是昼行的还是夜行的，
这些猛禽都有弯钩状的鸟喙和利爪。

仓鸮捕食小型啮齿动物，
它们会一口吞下整个猎物……
然后，
再吐出球形的食物残渣！呕！

仓鸮

灰苍鹭

灰苍鹭的腿、脖子和喙都长得很长！
为了叼起丁桂鱼和小白鱼，
这种水边栖息的涉禽首先会在池塘里四处搜索，
发现目标后，它们就一口吞下整个猎物！
鱼鹰和鸬鹚拥有另一套捕食技巧：它们会潜入水中捕获猎物！

吃其他动物的都是食肉动物。
如果它们只吃鱼，
我们也可以叫它们食鱼动物！

水下也有食肉动物吗？当然！
鲭鱼、狼鲈、梭子鱼和鲨鱼都会吃小鱼。
而鲷鱼和鳐鱼会在海底搜寻贝壳。
海豚是鱼吗？当然不是！
它是一种吃鱼的哺乳动物。

海豚

鲭鱼

鹦鹉鱼

食草动物、食谷动物、食果动物……
　　这是素食主义者的大家庭！
反刍动物一般都吃草……在这方面，它们各有其好。

　　牛会用舌头拔草，
绵羊只吃植物上部的鲜嫩部分，
山羊还会吃叶芽和树皮——
　　这对树木非常不利！

山羊

绵羊

牛

马、驴和斑马都不是反刍动物：
食物会快速通过它们的胃。

它们爱吃草、树皮、叶芽、果实……
家马和动物园里的斑马，
也爱吃燕麦和牧草！
但要当心！
马科的消化系统很柔弱，
发霉的食物可能会要了它们的命。

驴

在草原，
长颈鹿和㺢㹢狓能够用像梳子一样的牙齿
刮下树枝上的叶子，
还可以借助长长的舌头够到植物的最高处！

草不够吃？
对于大象，这不是问题：
它的长鼻子能够卷下整捆的枝叶，
并将它们送进嘴里！

大象

长颈鹿

獾㹢狓 ①

① 獾㹢狓：长颈鹿血缘最近的亲戚，
直到1901年才在非洲被发现。

河马

当心！这里有一头河马！它会吃了我们吗？

当然不会。庞大的河马只吃生长在水边的水生植物。

但你要注意，河马攻击性很强，嫉妒心也很重，

为了保卫自己的领地，它会变得很凶残……

它巨大的犬齿很有威慑力。

性情温顺的海牛有一个绰号，

叫做"海洋清道夫"，

它们在海底能吃掉大量的水草！

鲻鱼和绵羊有两个共同点：第一点，它们都是食草动物；
第二点，它们总是成群结队游向同一个方向，这样可以吓走别的动物！
鲻鱼是食草动物？是的！它们吃生长在海底的藻类！

淡水中也有食草的鱼类。
在法国西部布列塔尼地区的一些湖泊里，
我们借助鲤鱼清除水中顽固的藻类。

鲻鱼

结实的喙，强健的胃，
许多鸟类都爱吃植物的种子。
然后在飞行途中，通过排泄，它们沿途散播种子——
以此协助植物繁殖！

麻雀在泥土中觅食，
鹦鹉会用钩形的喙咬开坚果，
红交嘴雀会从松树和云杉的球果里挑出果实。

红交嘴雀

蜡嘴鸟

土拨鼠

松鼠

鼷鼠

仓鼠

田鼠

沙鼠

坚果怎么了？
是啮齿动物干的！
它们的门牙会不停地生长，啃坚果是一种很好的磨牙方式！

老鼠、田鼠、松鼠和海狸鼠会在进餐时磨牙……
否则，它们就得去刨地！

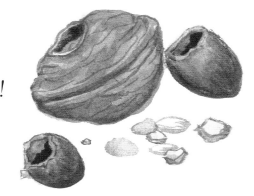

海狸鼠

灰鼠

蝙蝠、鼩鼱之类的食虫动物通常并不讨人喜欢。
但它们能够让我们的庄稼免受虫害！

相比之下，刺猬的名声要好很多……
因为它看上去很可爱！尽管它被贴上了食虫动物的标签，
但它其实什么都吃，牛奶、鸡蛋、腐尸、水果……

刺猬

绿长尾猴

猴子是机会主义者（逮着什么吃什么）。
尽管它们很喜欢水果，但也会吃叶子、花和昆虫……
有时候，它们还会吃一些小型动物！

熊、貉和野猪都是典型的杂食动物，它们什么都吃！

熊猫

相反，有些动物的食物很单一。

熊猫只吃竹子①，
考拉只吃桉树叶，
大食蚁兽只吃蚂蚁，
蜂鸟只吃花蜜，
蓝鲸只吃浮游生物！

它们的食物很不同！

我们无法像它们一样，这一点无需多言：
人类是杂食动物，我们什么都吃！

考拉

①熊猫最初是吃肉的，经过进化，现在99%的食物都是竹子。

动物的菜谱

我们吞咽面食和肉类，咀嚼水果和蔬菜，品尝蛋糕，有时候还吃糖果……我们的身体需要多种营养！动物呢？它们也什么都吃？杂食动物是的，但其他动物不是！

在食肉动物中，犬科动物都有敏锐的耳朵、长脑袋和多毛的尾巴。在欧洲，最大的犬科动物是家犬的祖先：灰狼。它们会在家族的领地集体狩猎。在北欧，它们会攻击体重十倍于它们的驯鹿！狮子每天要吃七公斤肉！石貂和臭鼬会钻进地洞捕杀啮齿动物……而水獭喜欢吃水中的猎物。

展翼长达两米的雄鹰在天空中翱翔，它们随时会袭击猎物！秃鹫不会忙于捕猎……它们负责清除自然界中腐烂的尸体：虽然它们的名声不好，但是它们很有用！鬣狗拥有无比坚硬的臼齿和无比强健的胃，这使它们能够咬碎并且消化骨头。它们也吃皮毛和兽蹄！而猫头鹰会吐出球形的食物残渣。

掠食动物和食肉动物，是一回事吗？呃，不尽然。作为掠食动物，必须要满足两个条件：狩猎和撕扯生肉。食尸动物会吃肉，但它们不会亲自杀死猎物；蛇吞咽猎物，但它们不会咀嚼。所以，食肉动物不一定是掠食动物！

蝈蝈、蚯蚓、毛毛虫，它们都是鼹鼠、鼩鼱和刺猬的美食！锋利的门牙和尖锐的犬牙，食虫动物是缩小版的食人魔！生活在美洲的大食蚁兽身形巨大，它们会用利爪挖开巨大的白蚁巢，然后将带刺的、有黏性的长舌头伸进洞里！一顿美妙的白蚁大餐开始了！

真好吃！这里是食草动物的丰美草场！但是，为什么牛整天都在吃草呢？因为它们有四个胃……和所有反刍动物一样，牛吃草的时候并不咀嚼。草积聚在瘤胃里借助细菌消化……然后，草重新返回嘴里咀嚼。接着，草被咽下进入网胃，之后进入重瓣胃，最后进入皱胃。吃一顿真辛苦！其他食草动物，如马、大象和袋鼠只有一个胃，它们不会反刍。至于巨大的黑犀牛，它们很喜欢吃多刺的灌木嫩枝。对它们而言，这并不会有危险，因为它们的嘴里有一层很厚的角质层，质地与犀牛角相同。

谁吃了蔷薇的叶子？花园里没有山羊，但有蜗牛和鼻涕虫……它们就是嫌疑犯！它们粗糙的舌头碾碎了叶子，就好像在磨豆子！一些鸟类是食谷动物，它们需要一个坚硬的、能够碾碎谷物外壳的喙，和一个能够研磨谷物的胃。我们经常在它们的胃里发现石头……这样还真是方便！

熊是杂食动物。它们随着季节变换改变饮食结构：没肉的时候，吃水果和浆果。其他杂食动物，比如貉和野猪一年四季什么都吃！

食草动物吃蔬菜，食虫动物吃昆虫，食肉动物会控制它们的数量。在食物链的顶端是大型掠食者，它们不害怕任何动物——除了人类！但人类已经不再猎杀这些动物了！

著作权合同登记：图字 01-2020-1498号

françoise laurent, illustrated by Capucine Mazille

Bon appétit les animaux!

© Les Editions du Ricochet, 2014
Simplified Chinese copyright © Shanghai 99 Reader's Culture Co., Ltd. 2015
ALL RIGHTS RESERVED

图书在版编目 (CIP) 数据

动物的菜谱 / （法）洛朗著；（荷）马泽尔绘；
苏迪译. —北京：人民文学出版社，2015（2023.2重印）
　（万物的秘密 . 生命）
　ISBN 978-7-02-011250-0

　I.①动… Ⅱ.①洛…　②马…　③苏…　Ⅲ.①动物 – 食性 – 儿童读物
IV.① Q958.118-49

　中国版本图书馆 CIP 数据核字（2015）第 284368 号

责任编辑：朱卫净　杨　芹
装帧设计：高静芳

出版发行　人民文学出版社
社　　址　北京市朝内大街 166 号
邮政编码　100705
印　　制　凸版艺彩（东莞）印刷有限公司
经　　销　全国新华书店等
字　　数　3 千字
开　　本　850毫米 × 1168毫米　　1/16
印　　张　2.5
版　　次　2016 年 3 月北京第 1 版
印　　次　2023 年 2 月第 4 次印刷
书　　号　978-7-02-011250-0
定　　价　35.00 元